和坏习惯说再见
全5册
儿童健康自我管理绘本

小肠迷宫历险记 3

徐瑞达 / 著　苏小泡 / 绘

中信出版集团 | 北京

图书在版编目（CIP）数据

小肠迷宫历险记 / 徐瑞达著 ; 苏小泡绘 . -- 北京 : 中信出版社 , 2024.8
（和坏习惯说再见 : 儿童健康自我管理绘本）
ISBN 978-7-5217-6391-1

Ⅰ . ①小… Ⅱ . ①徐… ②苏… Ⅲ . ①食品营养－营养素－儿童读物 Ⅳ . ① R151.4-49

中国国家版本馆 CIP 数据核字（2024）第 044178 号

小肠迷宫历险记
（和坏习惯说再见：儿童健康自我管理绘本）

著　　者：徐瑞达
绘　　者：苏小泡
出版发行：中信出版集团股份有限公司
（北京市朝阳区东三环北路27号嘉铭中心　邮编　100020）
承 印 者：北京尚唐印刷包装有限公司

开　　本：889mm × 1194mm　1/16　　印　　张：12.5　　字　　数：330千字
版　　次：2024年8月第1版　　印　　次：2024年8月第1次印刷
书　　号：ISBN 978-7-5217-6391-1
定　　价：99.00元（全5册）

出　　品：中信儿童书店
图书策划：小飞马童书
总 策 划：赵媛媛
策划编辑：白雪
责任编辑：蒋璞莹
营　　销：中信童书营销中心
装帧设计：刘潇然
内文排版：李艳芝
封面插画：脆哩哩

☆主要人物☆

古灵精怪，喜欢钻研各种稀奇古怪的问题。对零食了如指掌，人称“零食大王”。口头禅是“哎呀呀”。

泡泡

乒乓乓

冷布丁的好朋友，单纯可爱，想象力丰富，能把任何物品联想成美食。食量超大，尤其喜欢甜食。

超能小圆，零食博物馆送给小朋友们的机器人。它们身怀绝技，除了能随意变形，还能用各种出人意料的方式解决疑难问题。

菲菲

文静乖巧，说话轻声细语。喜欢看书和画画。擅长配色，能把食物搭配得像彩虹一样漂亮。

机智勇敢的小班长，超级小学霸，热爱运动，活力四射，各方面都十分优秀。

叮铃铃

小朋友们心中最神秘、最有趣的老师，总能给大家带来惊喜。

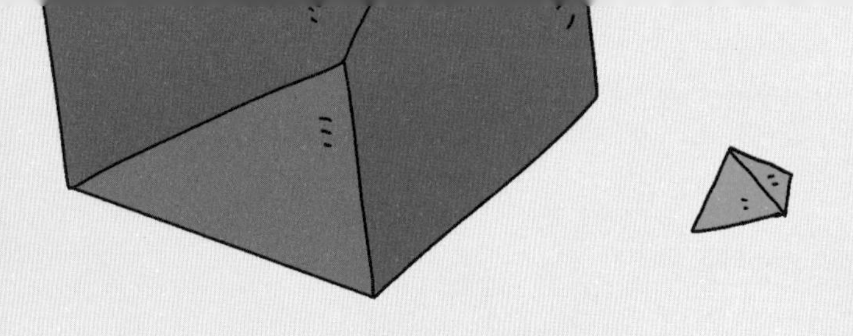

嘿，我是冷布丁，还记得我在哪儿吗？没错，在一艘由教室变成的飞碟上！

哐当哐当！噼啪噼啪！载着我们进行星际旅行的飞碟在急剧减速。舱内传来播报：“警报！警报！飞碟被流星体击中，需要紧急着陆！”天啊，这可怎么办？

飞碟突然打开舱门，大家像跳伞运动员那样，一个接一个地掉落下去。可是，我们没有背伞包啊！
我们都会被摔成肉饼的，呜呜……
救命啊，我没有翅膀啊……
老师，这回还有惊喜吗？
好在这颗星球的引力比地球小一些。

嘭！这地面怎么软软的，还那么有弹力？原来是乒乒乓，它在触地的一瞬间变大了，并用自己的身体接住了我们。
哈哈，我们没有变成肉饼。
快看，乒乒乓变成气垫啦！
可是，我们变成皮球啦！
我头好晕啊。

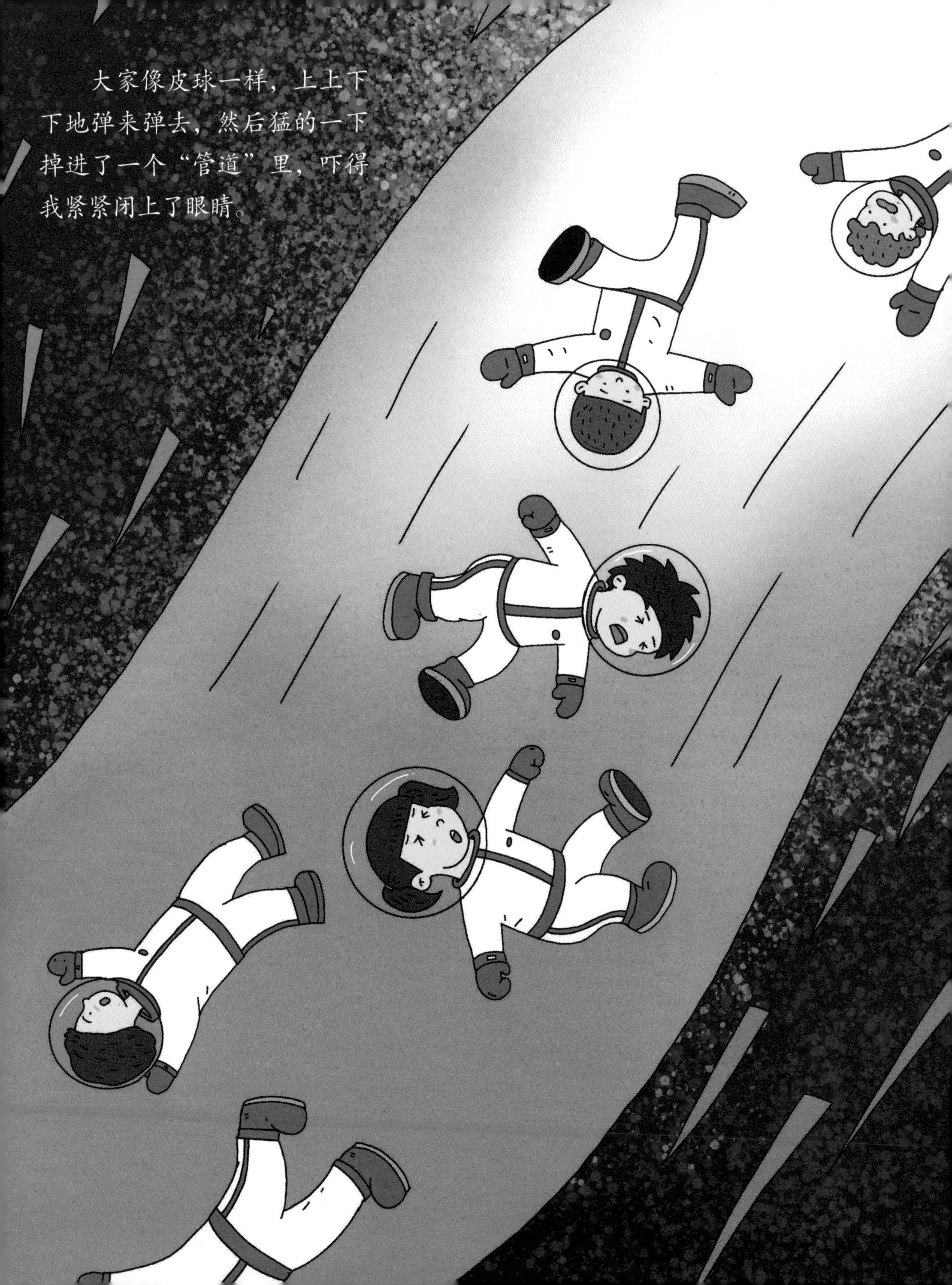

大家像皮球一样，上上下下地弹来弹去，然后猛的一下掉进了一个“管道”里，吓得我紧紧闭上了眼睛。

扑通！扑通！不知我们掉到了什么地方，周围传来了咕咚咕咚的水声。光渐渐亮起，眼前出现的诡异景象，不禁让人倒吸一口冷气，这难道是胃？
这是哪儿？超能小圆怎么都不见啦？
我害怕，救命啊！
噔噔噔噔……欢迎光临乒乒乓肚子剧场!
我们好像被巨人吞进肚子里了。
老师，这哪里像剧场啊？

四周的“墙面”在缓慢扭动，裹挟着食物碎块的黏稠液体也在不停地翻滚。前方还有一群小精灵守在那里，它们只要看见东西就砸，不会伤到我们吧？这时我才留意到，我们不知什么时候穿上了防护服。

老师说这里是乒乒乓肚子剧场，也就是说……
我们从乒乒乓的嘴巴滑进了它的肚子里。
请欣赏《营养不良的胖小孩》！
营养不良……胖小孩……这听着不太合理呀！
呃……哪有长得胖还营养不良的人啊？
就是啊，大家都说长得胖是营养过剩。

从地图上看，我猜得没错，我们已到达胃部。看样子今天我们要开启肚子之旅了。我很好奇，这营养不良的胖小孩到底是谁？

大胃湖往前是小肠迷宫。入口通道开始变窄，忙忙碌碌的小精灵却越来越多，食物碎块早已成了面目全非的食糜。看！食糜里似乎藏着什么宝贝，小精灵正在努力打捞，甚至开始争抢起来。

它们在抢什么呢？我扑腾几下向前靠近，听到了它们喋喋不休的抱怨声。它们说胖小孩吃得太差，营养素没有一天是齐全的。维生素总是不够，糖却堆积如山！
我需要找到氨基酸！
我还需要更多的维生素C，我这边要去救急啊！
糖每天都来这么多，那边快堆成山了！
知足吧，今天至少还能挑出来一点有用的，昨天全是用不上的。

揭秘营养素

营养素就是食物中对我们有用的那些物质，人的生命活动离不开它们。包括碳水化合物、脂类、蛋白质、维生素（维生素 A、维生素 B、维生素 C……）、矿物质（钙、铁、锌、钠……）、水和膳食纤维，共七大类。营养素之间就像好朋友，需要相互帮忙，促进吸收利用，缺一不可。

碳水化合物
蛋白质
脂类
维生素
矿物质
膳食纤维
水
分解→
分解→
分解→
葡萄糖
氨基酸
甘油、脂肪酸
构造
修复
能量
来源
生理
代谢
肠道
健康

小精灵们要把这些宝贝送去哪里呢？等我去调查一下！

我发现了几个不太显眼的小窗洞，透过窗洞一看，不得了，里面有好多奇形怪状的“小房子”，它们相互交错在一起，就像一个个小工厂一样，小精灵们正在工厂里忙得热火朝天！

左边的工厂急需维生素C，幸好刚才说要救急的小精灵“送货”及时。但右边的那个绿色小工厂就没那么幸运了，弹尽粮绝的小精灵们正急得团团转！

为什么这些工厂会需要营养素呢？在我百思不得其解的时候，一个小精灵跳出来说，这些工厂是胖小孩身体里的“细胞工厂”。人体是由大量细胞组成的，而细胞的工作离不开营养素。

揭秘细胞

人体是由 40 万亿 ~ 60 万亿个细胞组成的。细胞体积非常非常小，只有借助显微镜，你才能观察到它们。

看！有的细胞像蝌蚪，有的细胞像刷子，有的细胞像闪电……别看它们长得小，功劳可大着呢。细胞就像小工厂一样，每天忙个不停，让人体可以充满无限活力。当然，它们的运转离不开充足的原材料——营养素。

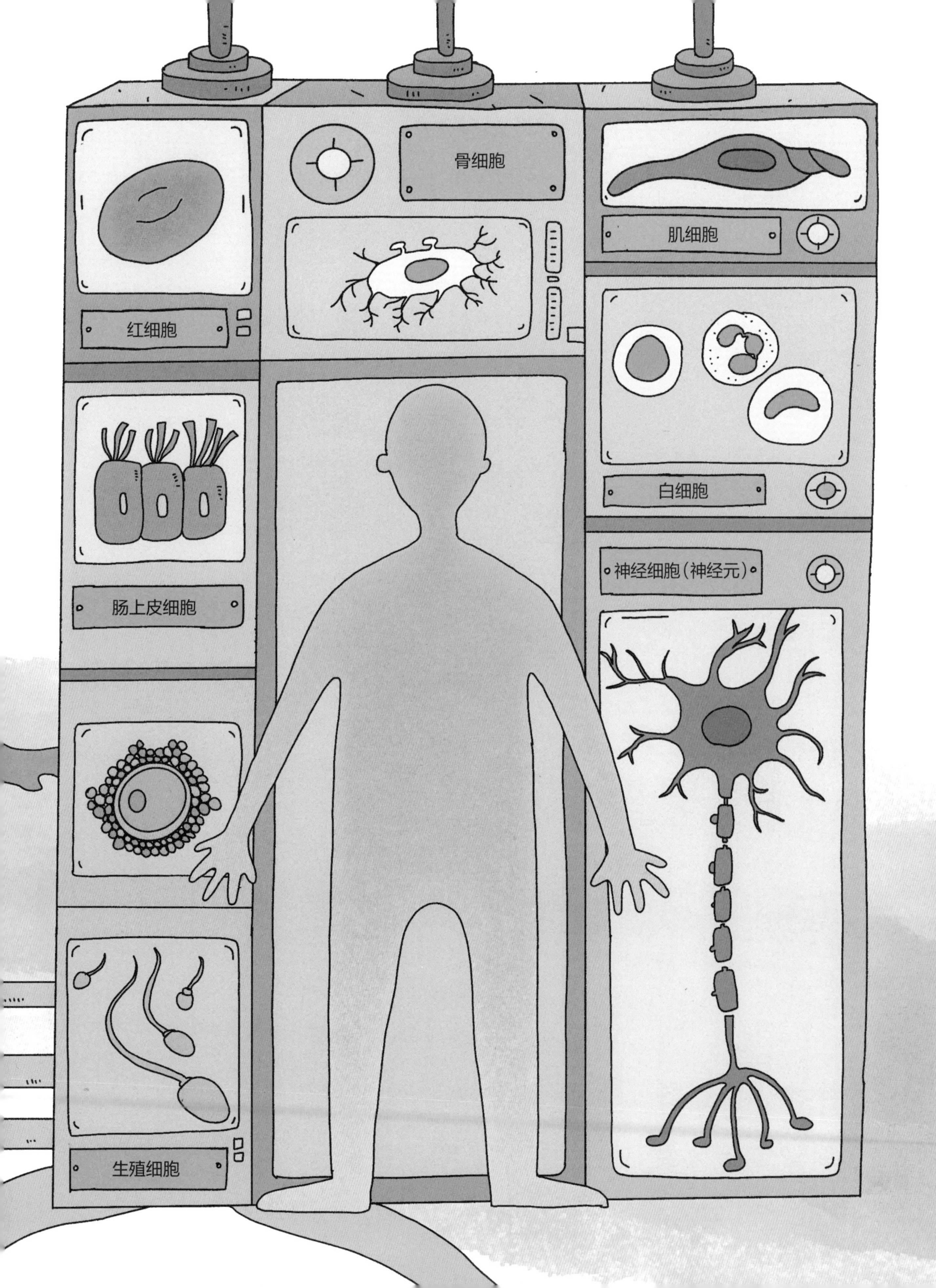

骨细胞
肌细胞
红细胞
白细胞
神经细胞（神经元）
肠上皮细胞
生殖细胞

我很好奇，问道：“如果营养素不够用，细胞工厂会怎样？”小精灵脸色一沉：“如果营养素供应不足，对细胞来说就是一场灾难！轻则停工，重则损毁。这样一来，人体就会进入隐性饥饿状态。”

揭秘隐性饥饿

如果人们长时间没吃东西，肚子饿了就会咕咕地抗议，等吃饱饭肚子就不会叫了。然而，当身体里的细胞缺乏营养素时，肚子是感觉不到饿的，也不会发出声音抗议，这就是隐性饥饿。长期的隐性饥饿会损害人体健康，更会影响儿童生长发育。

“如果细胞也能讲话就好了，不然我怎么知道它需要什么呢？”在我提出疑问后，一串咕噜咕噜的声音响彻耳畔，《营养不良的胖小孩》第二部开始了……

《营养不良的胖小孩》第二部
隐秘的信号
你能解读这些信号吗？
缺锌
食欲差、口腔溃疡、身材矮小、毛发稀疏……
缺铁
头晕、乏力、面色苍白、易困倦疲劳……
缺维生素B
口腔溃疡、食欲不振、消化不良、头痛、失眠……
缺维生素D
腿抽筋、情绪低落、易疲劳、盗汗……
缺维生素A
皮肤粗糙、眼睛干涩、晚上看不清……
缺维生素C
牙龈出血、牙齿松动……
缺蛋白质
肌肉松弛，抵抗力差，指甲易碎……
要去医院检查才能准确判断哟！
我眼睛干涩，是缺维生素A吗？
我在凉爽的房间睡觉也出汗，会不会是缺维生素D？
你收到过细胞发出的这些信号吗？

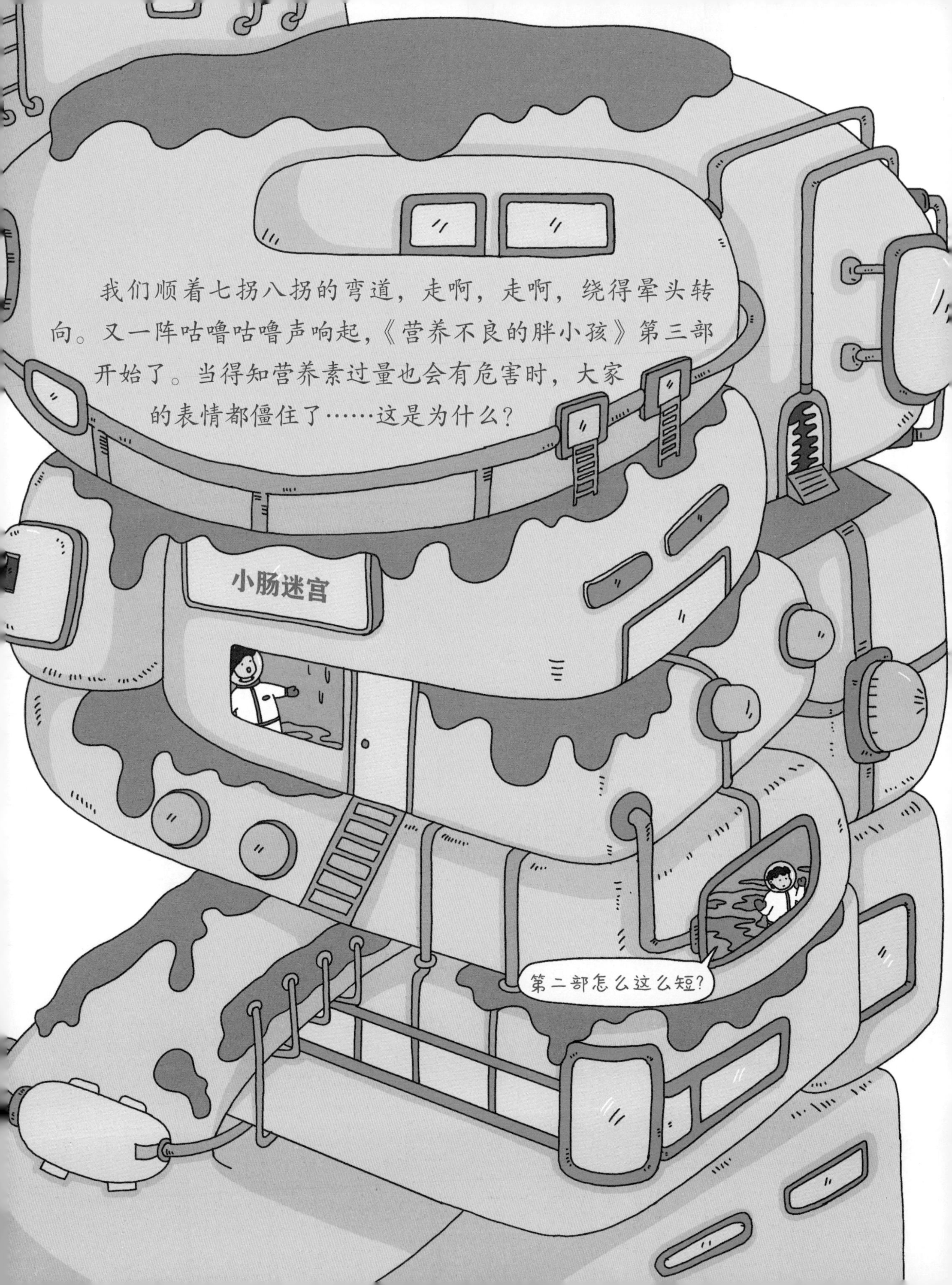
我们顺着七拐八拐的弯道，走啊，走啊，绕得晕头转向。又一阵咕噜咕噜声响起，《营养不良的胖小孩》第三部开始了。当得知营养素过量也会有危害时，大家的表情都僵住了……这是为什么？
小肠迷宫
第二部怎么这么短？

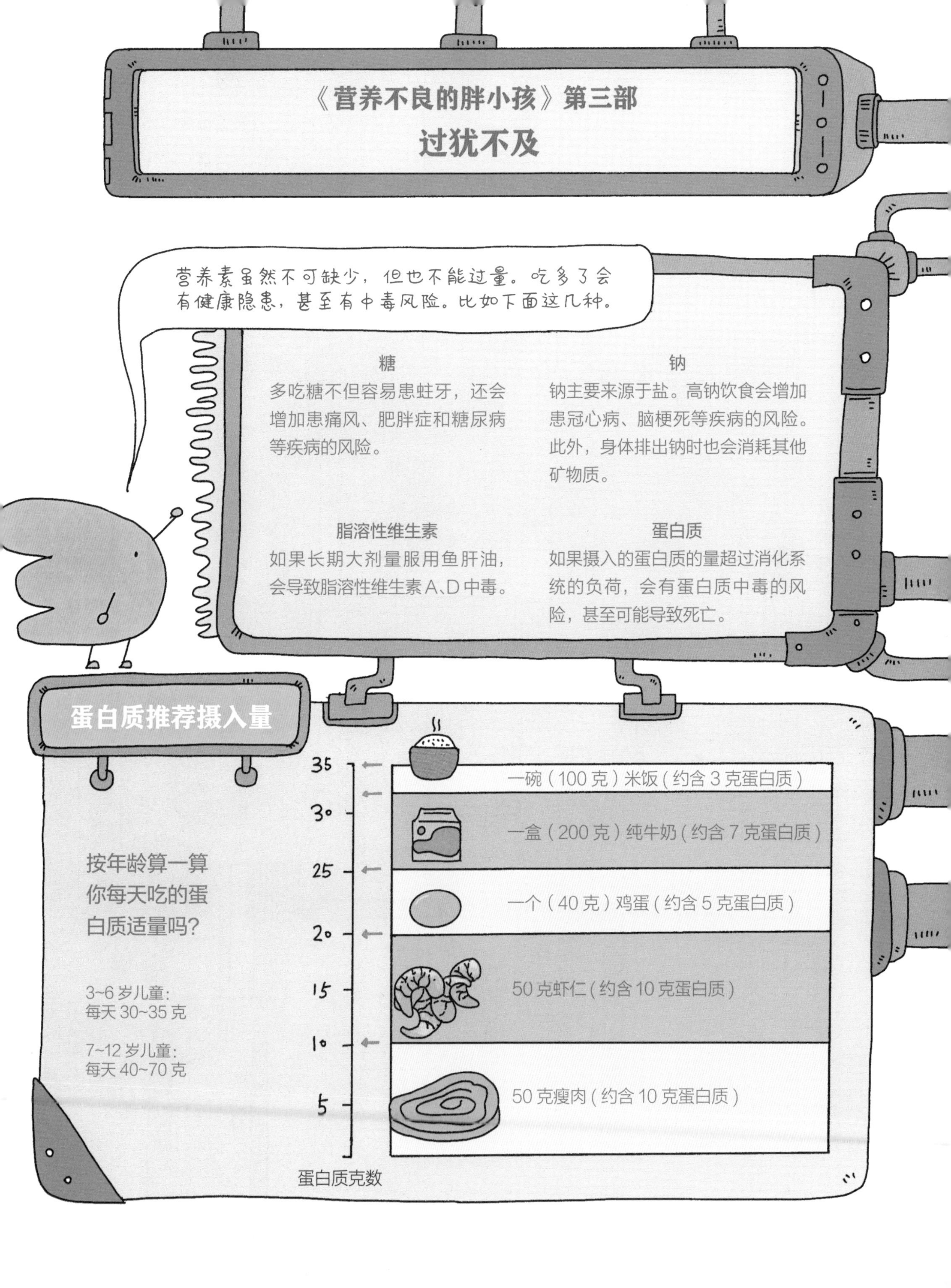
《营养不良的胖小孩》第三部
过犹不及
营养素虽然不可缺少，但也不能过量。吃多了会有健康隐患，甚至有中毒风险。比如下面这几种。
糖
多吃糖不但容易患蛀牙，还会增加患痛风、肥胖症和糖尿病等疾病的风险。
钠
钠主要来源于盐。高钠饮食会增加患冠心病、脑梗死等疾病的风险。此外，身体排出钠时也会消耗其他矿物质。
脂溶性维生素
如果长期大剂量服用鱼肝油，会导致脂溶性维生素A、D中毒。
蛋白质
如果摄入的蛋白质的量超过消化系统的负荷，会有蛋白质中毒的风险，甚至可能导致死亡。
蛋白质推荐摄入量
按年龄算一算你每天吃的蛋白质适量吗？
3~6岁儿童：每天30~35克
7~12岁儿童：每天40~70克
35
30
25
20
15
10
5
一碗（100克）米饭（约含3克蛋白质）
一盒（200克）纯牛奶（约含7克蛋白质）
一个（40克）鸡蛋（约含5克蛋白质）
50克虾仁（约含10克蛋白质）
50克瘦肉（约含10克蛋白质）
蛋白质克数

“少了不够用，多了还不行……那我怎么能知道自己吃的每样营养素都正好呢？”“哈哈，就等你们来提这个问题呢！”小精灵说着，给我们展示了膳食宝塔，“答案就在这里哟！”

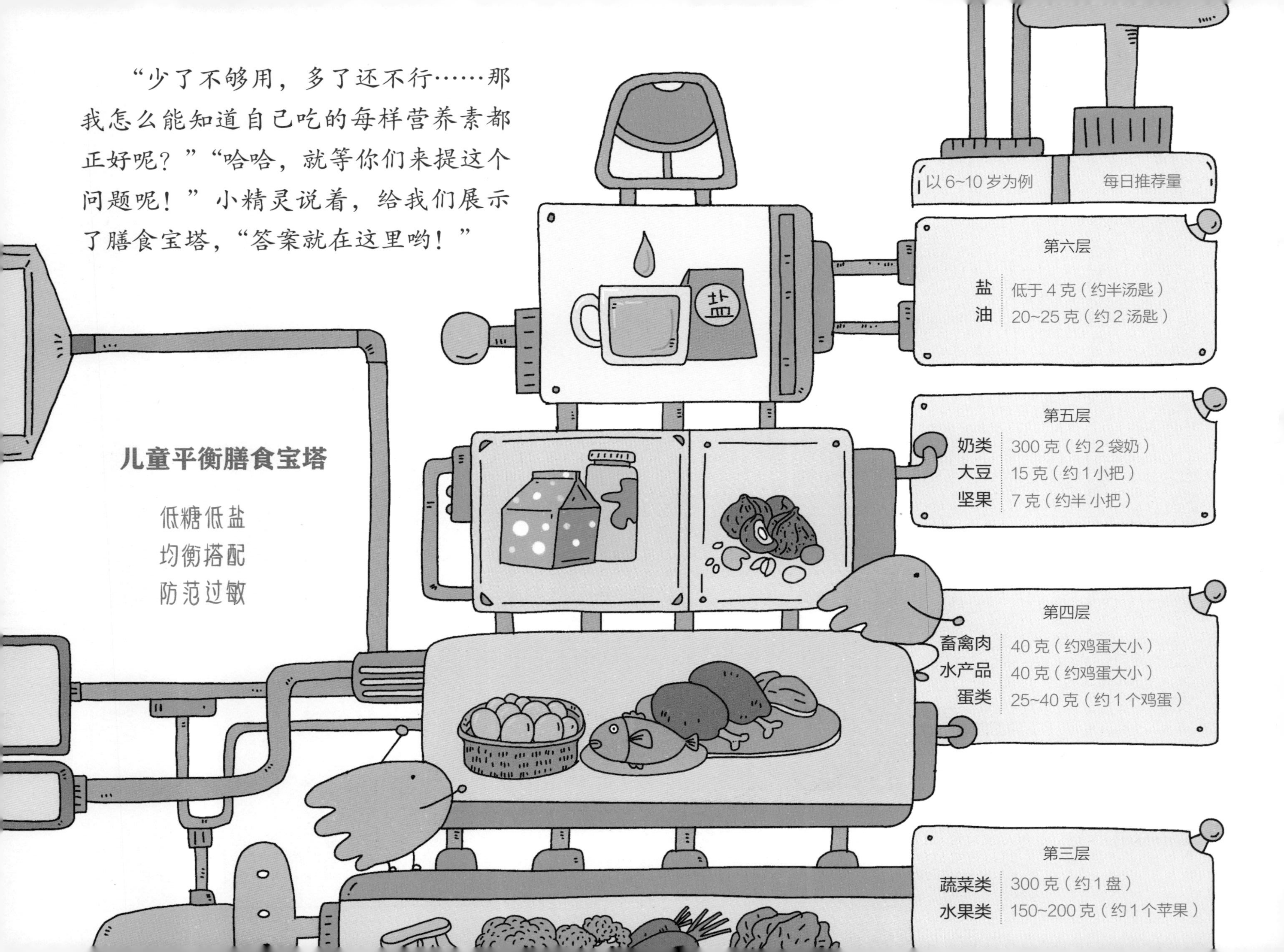

健康成长的秘诀

营养素最好不多也不少！可惜，自然界中不存在“万能”食物。每种食物都不那么“完美”，这就需要我们动脑搭配一下哟！

一说起搭配，菲菲立刻两眼放光，她最喜欢给自己搭配衣服、给图画配色啦！小精灵告诉大家，营养均衡的餐食，它的配色一定也是丰富、漂亮的。

大家不约而同地都选了①号盘子。这个太简单啦，前面都说了，膳食宝塔的每一层都很重要嘛！

蔬菜、水果、肉、蛋、奶、面包……
每样都来点！

米饭、馒头、土豆……
来一盘！

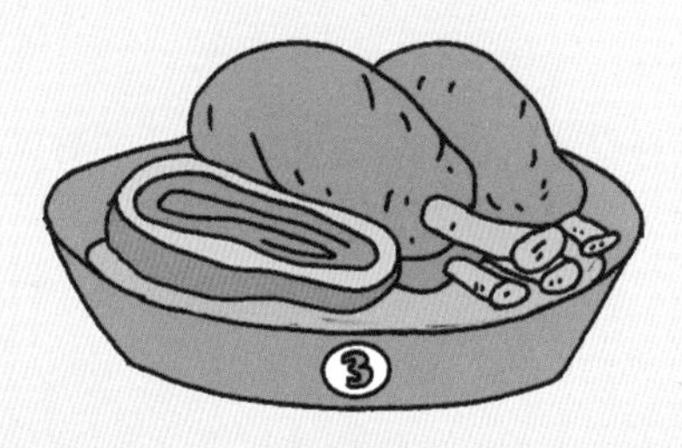

大鱼大肉……
来一盘！

有些食材的搭配虽然看起来丰富，但实际所含的营养素是单一的。比如②号盘子的食材，都属于同一层——谷类和薯类，所含营养素都以碳水化合物为主。营养素比例不均衡。

“说说看，胖小孩会营养不良吗？”老师接着问。这回大家不用看膳食宝塔，也能准确地说出答案。尤其是默默，一句话就切中了要害。

有人误以为小孩子吃得多、长得胖就是营养过剩。事实上，胖仅仅是脂肪堆积太多，其他的营养素，比如膳食纤维、矿物质和维生素，也许还缺很多呢！总之，太胖或太瘦都是营养不良的表现哟！
我感觉……刚在剧场看的那个营养不良的胖小孩就是我。
我也看出来了，和你太像了！

“那你们觉得小朋友吃饭可以挑食吗？”老师追问道。这个嘛……可让我有点犯难了，因为我心里的答案和大人们平常说的不太一样啊。
反正大人们总是说：不能挑食，不能挑食。
我不爱吃香菜。
科学家发现有的人11号染色体上一段叫作OR6A2的基因发生了变异，会让他们觉得香菜有臭虫味和肥皂味。
我也觉得挑食不好，可我实在不爱吃芹菜。
我好像没有什么不爱吃的。

没有哪一种食物是不可替代的，不可替代的是营养素！
太好了，我要告诉妈妈再也别劝我吃香菜了。
谢天谢地，我不用吃芹菜了！
吃饭应该是件很快乐的事！
不吃某一种食物，没什么大不了的。别忘了人体需要的是全面的营养素。对于不能接受的食物，我们可以试着找一找它的替代品。
“给自己讨厌的食物找到替代品就好啦！”听到小精灵说没必要非得吃自己极其讨厌的食物时，我和菲菲都长长地舒了一口气。

小精灵们还给我们举了些例子。看来营养搭配真是一门学问呢！可我一下子记不住这么多，什么铁呀，蛋白质呀……怎么办？尤其是维生素 D，好像还挺特殊的。

为什么补钙要同时补维生素 D？

如果缺少维生素 D，即使我们吃了很多含钙食物，钙也不能很好地被吸收，好不容易吸收的钙，也不能顺利到达骨骼。维生素 D 就相当于运送钙的“小货车”。缺少维生素 D，小货车动力不足，没上车的钙只能干着急！

不仅如此，如果维生素 D 不足，骨骼中的钙还会偷偷溜走！

老师好像猜到了我的心思，看着紧皱眉头的我说：“记不住也没关系，别忘了你们有超能小圆机器人帮忙！”

在我还在盘算着我的美食菜谱时，剧目结束了！如梦如幻的肚子剧场渐渐消失在黑暗中，等光线再次亮起时，大家已经回到飞碟旁。金黄色的七号星球此刻笼罩在一片浓雾之中，忙忙碌碌修理飞碟的超能小圆时隐时现。只是，我一直没有见到叮叮当的身影，它去哪里了呢？

说给孩子的话

小朋友，你以前听说过“营养不良”这个词吗？你是不是和很多人一样，都误以为只有瘦瘦小小的人才会营养不良！其实，很多人都存在轻度的营养不良情况，也就是营养摄入不均衡。比如青菜和肉类吃得少，米、面、油吃得多。

有报告显示，全球有一半儿童存在“隐性饥饿”问题。这是因为现代人大多偏爱高热量、营养单一的深加工食品。此外，严重挑食或对个别食材过敏的孩子，也容易缺乏营养。

营养的短期缺乏，不会对人体造成明显的危害。就像有的小朋友感冒生病，只吃了一些容易消化的清淡的食物，等康复后再正常饮食，很快就能恢复如初。但如果经常忽略饮食均衡问题，长期缺乏营养，那影响可就大了，成年人会出现亚健康状况，小孩子容易发育欠佳，出现过胖、过瘦、易生病等问题。

每天从丰富的饮食中获取营养是最理想的。必要的时候，也可以适量补充营养强化剂，只是一定要严格按照说明吃，或按医生建议服用。

最后想悄悄告诉你，人体可谓是世界上最复杂、最精妙的生物机器，还没有人能完全弄懂它。大家每天吃的食物里，也仍有很多未解之谜，它们都在等着你去研究和发现哟！

圈一圈，画一画

试试给自己搭配一份营养均衡的正餐！

选好的就用笔圈一圈，再画一画吧！

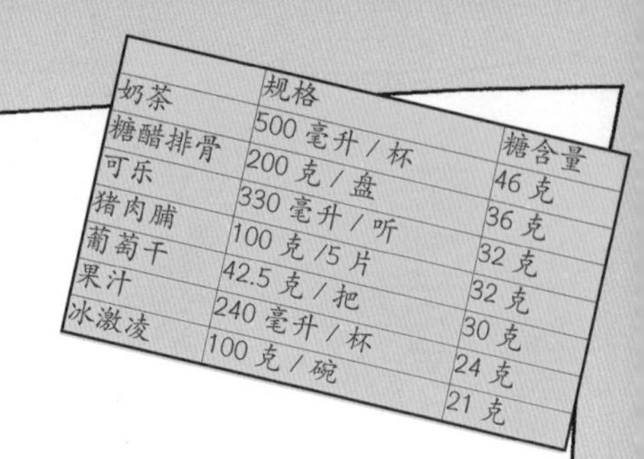

	规格	糖含量
奶茶	500 毫升 / 杯	46 克
糖醋排骨	200 克 / 盘	36 克
可乐	330 毫升 / 听	32 克
猪肉脯	100 克 /5 片	32 克
葡萄干	42.5 克 / 把	30 克
果汁	240 毫升 / 杯	24 克
冰激凌	100 克 / 碗	21 克

家长一起学

为孩子的健康保驾护航

痛风、近视和糖过量有关系吗？

除了龋齿、肥胖，增加患糖尿病、脂肪肝、心脏病的风险，高糖饮食还有哪些危害呢？

糖过量还容易导致尿酸过高，引起痛风。大量喝甜饮料的人，痛风的发生率比不喝甜饮料的人要高出 120 倍。所以长期喝甜饮料的孩子更易患上痛风。

此外，糖吃得过多还会影响孩子的智力，会使大脑反应变慢、记忆力下降。还有研究表明，近视和高糖饮食也有关系。

如果长期糖摄取过量，极容易造成儿童营养不良，甚至影响孩子长高。因为糖的代谢需要消耗大量的矿物质和维生素，而糖类本身是高热量物质，吃得多容易影响人们的均衡饮食。

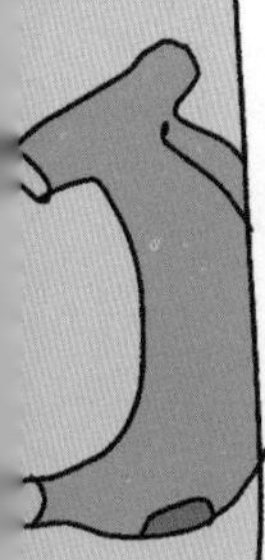

一天摄入多少糖才是适当的呢？

世界卫生组织和中国营养学会建议的游离糖摄入量：成年人每天不超过 50 克，尽量控制在 25 克。3 岁以下幼儿不摄入游离糖。

游离糖是指加工食品中添加的蔗糖（白糖、冰糖、红糖）、葡萄糖和果糖等，也包括食品工业中常用的淀粉糖浆、麦芽糖浆、葡萄糖浆、玉米糖浆和果葡糖浆等。它并不包括完整的新鲜蔬果中天然存在的糖和奶类中的乳糖，也不包括粮食和薯类中的淀粉。

25克的糖，约等于五块半标准规格的太古方糖。一瓶 500 毫升的碳酸饮料或一份 250 克的冰激凌，含糖量约为 50 克。

含糖饮料和零食是游离糖的主要来源，生活中尽可能不给孩子喝奶茶、碳酸饮料、果汁等加糖饮料，以及蛋糕、糖饼、月饼等高糖甜点，少吃添加各种糖和糖浆的加工食品。

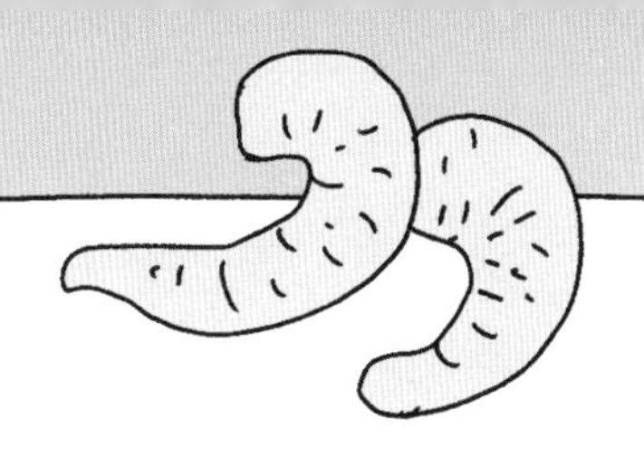

为什么要警惕钠，只要少吃盐就可以了吗？

钠是我们人体必需的营养素之一，除了食盐，许多食物本身，甚至水中都含有钠。但人体正常所需的钠很少，如果偏爱加工食品和重口味的食物，钠的摄入量就会远超身体所需。

长期摄入太多的钠，会给身体健康带来很大隐患。一方面，身体排出多余的钠时，会流失掉一部分钙；另一方面，超量摄入钠会增加未来患高血压及心血管疾病的风险。

清淡饮食，尽量保持食材原本的味道，这对低龄儿童尤为重要。因为幼年是孩子养成良好饮食习惯的关键期，一旦习惯了咸和甜，孩子就很容易越来越偏爱重口味的食物，从而排斥天然食材的味道，慢慢出现挑食、偏食的问题。

大多数以罐装、盒装、瓶装或袋装形式销售的加工食品，即便它们吃起来不咸，也是高钠“重灾区”，因为它们大多都含有谷氨酸钠（味精）、六偏磷酸钠、苯甲酸钠等食品添加剂。还有一些冷冻的虾仁和巴沙鱼柳等水产品，它们在加工时会添加柠檬酸钠、三聚磷酸钠等。这些添加剂作为保水剂和品质改良剂，广泛应用于冷冻水产品中，起到保持水分和改善口感的作用。

所以给孩子购买食品时，除了关注配料表里有没有食盐，还要看有没有各种含钠的食品添加剂，更要看营养成分表里的钠含量，钠含量越低越好，最好每 100 克食品中钠含量小于 120 毫克。

配料：干酪（生牛乳、食用盐、乳酸乳球菌乳酸亚种、凝乳酶），黄油，浓缩牛奶蛋白，六偏磷酸钠，乳清发酵物，食用盐，柠檬酸钠。

营养成分表

项目	每 100 克	NRV%
能量	1014 千焦	12%
蛋白质	11.8 克	20%
脂肪	19.5 克	33%
碳水化合物	5.4 克	2%
钠	823 毫克	41%
钙	331 毫克	41%

☆ 主创人员 ☆

徐瑞达

度本图书（Dopress Books）工作室创始人、主编、科普作者。主张快乐育儿，科学育儿，有讲不完的爆笑故事，也有根植于心的谨慎固执。倡导“健康管理，始于幼年”。

苏小泡

儿童插画、商业插画、新闻漫画创作者。现居地球。拥有一只猫和一支笔。

☆ 顾问专家 ☆

华天懿

中国医科大学附属盛京医院儿童保健科副主任医师，医学博士，从事发育儿科医、教、研工作20余年。在儿童生长发育、营养、心理及保健指导方面拥有丰富的临床经验。

孙裕强

中国医科大学附属第一医院急诊科副主任医师，医学博士，美国梅奥诊所高级访问学者、临床研究合作助理。